目 次

前言 ·· Ⅲ
1 范围 ·· 1
2 规范性引用文件 ·· 1
3 术语和定义 ··· 1
4 地质灾害分类 ··· 3
　4.1 滑坡 ·· 3
　4.2 崩塌 ·· 4
　4.3 泥石流 ··· 6
　4.4 地裂缝 ··· 7
　4.5 地面沉降 ·· 8
　4.6 地面塌陷 ·· 8
5 地质灾害分级 ··· 9
　5.1 地质灾害的分级原则 ·· 9
　5.2 地质灾害灾情等级 ··· 9
　5.3 地质灾害险情等级 ··· 9
附：条文说明 ··· 11

前　言

本标准按照 GB/T 1.1—2009《标准化工作导则　第1部分：标准的结构和编写》给出的规则起草。

本标准由中国地质灾害防治工程行业协会（CAGHP）提出并归口。

本标准起草单位：中国国土资源经济研究院、成都理工大学、山东大学。

本标准主要起草人：许强、李华、李术才、郑光、林燕华、李闽、李利平、石少帅、范宣梅、汤明高、周宗青。

本标准由中国地质灾害防治工程行业协会负责解释。

T/CAGHP 001—2018

地质灾害分类分级标准(试行)

1 范围

本标准规定了滑坡、崩塌、泥石流、地裂缝、地面沉降和地面塌陷六种地质灾害分类、分级的术语和定义、原则、依据及内容。

本标准适用于国家、省、地(市、州)、县级国土资源管理部门对地质灾害分类、分级以及项目管理使用,也适用于地质灾害勘查、防治单位和部门开展地质灾害防治的调查评价、勘查、设计、监测、施工和监理等工作使用。其他相关部门亦可参照使用。

2 规范性引用文件

下列文件对于本标准的应用是必不可少的。凡是注日期的引用文件,仅所注日期的版本适用于本标准。凡是不注日期的引用文件,其最新版本(包括所有的修改单)适用于本标准。

GB 12329—90 岩溶地质术语
GB/T 14157—93 水文地质术语
GB/T 14498—93 工程地质术语
GB 50021—2001 岩土工程勘察规范(2009版)
DZ/T 0218—2006 滑坡防治工程勘查规范
DZ/T 0219—2006 滑坡防治工程设计与施工技术规范
DZ/T 0220—2006 泥石流灾害防治工程勘查规范
DZ/T 0221—2006 崩塌、滑坡、泥石流监测规范
DZ/T 0222—2006 地质灾害防治工程监理规范
DZ/T 0239—2004 泥石流灾害防治工程设计规范
DZ/T 0269—2014 地质灾害灾情统计
DT/T 0261—2014 滑坡崩塌泥石流灾害调查规范(1∶50 000)
DD 2004—02 区域环境地质调查总则(试行)
DB 50/143—2003 地质灾害防治工程勘察规范
DZ 0238—2004 地质灾害分类分级(试行)
国务院令第394号 地质灾害防治条例
国办函〔2005〕37号 国家突发地质灾害应急预案
国发〔2011〕20号 国务院关于加强地质灾害防治的决定

3 术语和定义

下列术语和定义适用于本标准。

3.1
地质灾害 geological hazard
本标准所指地质灾害,包括自然因素或者人为活动引发的危害人民生命、财产和地质环境安全的滑坡、崩塌、泥石流、地裂缝、地面沉降、地面塌陷等与地质作用有关的灾害。

3.2
地质灾害分类 classification of geological hazards
根据地质灾害的成因、规模,或其他特征划分地质灾害的类型。

3.3
地质灾害分级 grading of geological hazards
按地质灾害事件的危害程度划分地质灾害的等级。

3.4
地质灾害灾情 suffering situation of geological disasters
已发地质灾害造成的危害情况,包括地质灾害造成的人员伤亡情况、财产损失情况等。

3.5
地质灾害险情 risk of geological hazards
潜在地质灾害发生后可能造成的危害情况,包括地质灾害可能造成的人员伤亡情况、财产损失情况等。

3.6
滑坡 landslide
斜坡岩土体在重力作用或有其他因素参与影响下,沿地质弱面发生向下向外滑动并以向外滑动为主的变形破坏。通常具有双重含义:一是指岩土体的滑动过程,二是指滑动的岩土体及所形成的堆积体。
旧表述为斜坡岩土体在重力作用及其他因素影响下沿地质弱面发生以水平向滑动为主的变形破坏。通常包括已经发生的滑坡和可能以滑坡方式破坏的不稳定斜坡或变形体。

3.7
危岩体 dangerous rockmass
被多组结构面切割分离,稳定性差,可能以崩塌或落石形式发生失稳破坏的岩质山体。

3.8
崩塌 rock fall
陡坡上的岩土体在重力作用或其他外力参与下,突然脱离母体,发生以竖向为主的运动,并堆积在坡脚的动力地质现象。

3.9
泥石流 debris flow
由降水(暴雨、冰川、积雪融化水等)诱发,在沟谷或山坡上形成的一种挟带大量泥沙、块石和巨砾等固体物质的特殊洪流。

3.10
地裂缝 ground fissure
地表岩层、土体在自然因素或人为因素作用下产生开裂,并在地面形成具有一定长度和宽度裂缝的宏观地表破坏现象。

3.11
地面沉降 ground subsidence, land subsidence

因自然或人为因素,在一定区域内,产生的具有一定规模和分布规律的地表标高降低的地质现象。

3.12
地面塌陷 ground collapse, land collapse

地表岩土体在自然或人为因素作用下,向下陷落,并在地面形成凹陷、坑洞的一种动力地质现象。

4 地质灾害分类

根据地质灾害的成因、危害方式,或其他特征划分地质灾害的类型。

4.1 滑坡

4.1.1 根据物质组成、成因类型、受力形式和发生年代,可按表1分类。

表1 基于物质组成、成因类型、受力形式和发生年代的滑坡分类

滑坡类型	亚类	特征描述
物质组成	土质滑坡	滑体物质主要由土体或松散堆积物组成的滑坡
	岩质滑坡	滑坡前滑体主要由各种完整岩体组成的滑坡,岩体中有节理裂隙切割
成因类型	工程滑坡	由人类工程活动引发的滑坡
	自然滑坡	由自然作用而产生的滑坡
受力形式	推移式滑坡	滑坡的滑动面前缓后陡,其滑动力主要来自于坡体的中后部,前部具有抗滑作用。来自坡体中后部的滑动力推动坡体下滑,在后缘先出现拉裂、下错变形,并逐渐挤压前部产生隆起、开裂变形等
	牵引式滑坡	坡体前部因临空条件较好,或受其他外在因素(如人工开挖、库水位升降等)影响,先出现滑动变形,使中后部坡体失去支撑而变形滑动,由此产生逐级后退变形,也称为渐进后退式滑坡
发生年代	新近滑坡	现今发生或正在发生滑移变形的滑坡
	老滑坡	全新世以来发生滑动,现今整体稳定的滑坡
	古滑坡	全新世以前发生滑动,现今整体稳定的滑坡

4.1.2 根据滑体颗粒大小和物质成分,土质滑坡可按表2分类。

表2 基于颗粒大小和物质成分的土质滑坡分类

滑坡类型	物质成分分类	特征描述
粗粒土滑坡	堆积层滑坡	滑体由各种成因的块碎石堆积体(如滑坡、崩塌、泥石流、冰水等)构成,沿基覆界面或堆积体内部剪切面滑动
	残坡积层滑坡	滑体由基岩风化壳、残坡积土等构成,沿基覆界面或残坡积层内部剪切面滑动
	人工堆积层滑坡	滑体由人工开挖堆填土、弃渣等构成,沿基覆界面或堆积层内部剪切面滑动
细粒土滑坡	黄土滑坡	发生在不同时期的黄土层中的滑坡,滑体主要由黄土构成,在黄土体内或沿基覆面滑动
	黏性土滑坡	发生在黏性土层中的滑坡
	软土滑坡	滑坡土体以淤泥、泥炭、淤泥质土等抗剪强度极低的土为主,塑流变形较大
	膨胀土滑坡	滑坡土体富含蒙脱石等易膨胀矿物,内摩擦角很小,干湿效应明显
	其他细粒土滑坡	发生于其他类型的细粒土(砂性土、淤泥土等)中的滑坡

4.1.3 根据滑坡的规模,可按表3分类。

表3 滑坡规模分类

规模等级	巨型	特大型	大型	中型	小型
滑坡体体积 V/万 m^3	$V \geqslant 10\ 000$	$1\ 000 \leqslant V < 10\ 000$	$100 \leqslant V < 1\ 000$	$10 \leqslant V < 100$	$V < 10$

4.1.4 根据滑体变形发展过程中的运动速度,可按表4分类。

表4 按照运动速度对滑坡分类

滑坡类型	速度限值	破坏力描述
超高速滑坡	>5 m/s	灾害破坏力巨大,地表建筑完全毁灭,滑体的冲击或崩解造成巨大人员伤亡
高速滑坡	5 m/s～3 m/min	灾害破坏力大,因速度快而无法转移所有人员,造成部分伤亡
快速滑坡	3 m/min～1.8 m/h	有时间进行逃生和疏散;房屋、财产和设备被滑体破坏
中速滑坡	1.8 m/h～13 m/月	距离坡脚一定距离的固定建筑能够幸免;位于滑体上部的建筑破坏极其严重
慢速滑坡	13 m/月～1.6 m/a	如果滑动时间较短并且滑坡边缘的运动分布于广泛的区域,则经过多次的大型维修措施,道路与固定建筑可以得到保留
缓慢滑坡	1.6 m/a～0.016 m/a	一些永久建筑未产生破坏,即使因滑动产生破裂也是可修复的
极慢速滑坡	<0.016 m/a	事先采取了防护措施的建筑不会产生破坏

4.2 崩塌

4.2.1 根据物质组成和诱发因素,可按表5分类。

表5 基于物质组成、诱发因素的崩塌分类

分类因子	崩塌类型	特征描述
物质组成	土质崩塌	发生在土体中的崩塌,也称为土崩
	岩质崩塌	发生在岩体中的崩塌,也称为岩崩
诱发因素	自然动力型崩塌	由降雨、冲蚀、风化剥蚀、地震等自然作用形成的崩塌
	人为动力型崩塌	由工程扰动、爆破、人工加载等人为作用形成的崩塌

4.2.2 按照形成机理,可按表6分类。

表6 基于形成机理崩塌的分类

类型	倾倒式崩塌	滑移式崩塌	鼓胀式崩塌	拉裂式崩塌	错断式崩塌
岩性	黄土、直立或陡倾坡内的岩层	多为软硬相间的岩层	黄土、黏土、坚硬岩层下伏软弱岩层	多见于软硬相间的岩层	坚硬岩层、黄土
结构面	多为垂直节理,陡倾坡内一直立的层面	有倾向临空面的结构面	上部为垂直节理,下部为近水平结构面	多为风化裂隙和垂直拉张裂隙	垂直裂隙发育,通常无倾向临空的结构面
地貌	峡谷、直立岸坡、悬崖	陡坡通常大于55°	陡坡	上部突出的悬崖	大于45°的陡坡
受力状态	主要受倾覆力矩作用	滑移面主要受剪切力	下部软岩受垂直挤压	拉张	自重引起的剪切力
起始运动形式	倾倒	滑移、坠落	鼓胀伴有下沉、滑移、倾倒	拉裂、坠落	下错、坠落
示意图					

4.2.3 根据崩塌(含危岩体)的规模等级,可按表7分类。

表7 崩塌(含危岩体)的规模分类

规模	特大型崩塌	大型崩塌	中型崩塌	小型崩塌
体积 V/万 m^3	$V \geqslant 100$	$10 \leqslant V < 100$	$1 \leqslant V < 10$	$V < 1$

4.2.4 依据危岩体顶端距离陡崖坡脚高差大小,可按表8分类。

表8 危岩体的高度分类

类型	特高位危岩	高位危岩	中位危岩	低位危岩
高差 H/m	$H \geqslant 100$	$50 \leqslant H < 100$	$15 \leqslant H < 50$	$H < 15$

注:H 为危岩体顶端距离陡崖坡脚高差。

4.3 泥石流

4.3.1 依据集水区地貌特征等,泥石流可按表9分类。

表9 基于集水区地貌特征的泥石流分类

类型	特征描述
坡面型泥石流	①无恒定地域与明显沟槽,只有活动周界。轮廓呈保龄球形。 ②一般发育于30°以上的斜坡,下伏基岩或不透水层顶部埋深浅,物源以坡残积层为主,活动规模小,物源启动方式主要为浅表层坍滑。西北地区的洪积台地、冰水台地边缘,也常常发生坡面泥石流。 ③发生时空不易识别,单体成灾规模及损失范围小。若多处同时发生汇入沟谷也可转化为大规模泥石流。 ④坡面土体失稳,主要是地下水渗流和后续强降雨诱发。暴雨过程中的狂风可能造成林木、灌木拔起和倾倒,使坡面局部破坏。 ⑤在同一斜坡面上可以多处发生,呈梳齿状排列
沟谷型泥石流	①以流域为周界,受一定的沟谷制约。泥石流的形成、堆积和流通区较明显。轮廓呈哑铃形。 ②以沟槽为中心,物源区松散堆积体分布在沟槽两岸及河床上,崩塌滑坡、沟蚀作用强烈,活动规模大。 ③发生时空有一定规律性,可识别,成灾规模及损失范围大。 ④主要是暴雨对松散物源的冲蚀作用和汇流水体的冲蚀作用。 ⑤地质构造对泥石流分布控制作用明显,同一地区多呈带状或片状分布

4.3.2 依据物质组成,泥石流可按表10分类。

表10 基于物质组成的泥石流分类

类型	物质组成	流体属性	残留表观	泥石流启动坡度	分布地域
泥流型	以粉砂、黏粒为主,粒度均匀,98%的颗粒粒径小于2.0 mm	为非牛顿流体,有黏性,黏度大于0.15 Pa·s	表面有浓泥浆残留	较缓	多集中发生于黄土及火山灰地区
泥石型	可含黏、粉、砂、砾、卵、漂各级粒度,很不均匀	多为非牛顿流体,少部分为牛顿流体。有有黏性的,也有无黏性的	表面有泥浆残留	陡(坡比>10%)	广见于各类地质体及堆积体中
水石(砂)型	粉砂、黏粒含量极少,多为粒径大于2.0 mm的各级粒度,粒度很不均匀(水沙流较均匀)	为牛顿流体,无黏性	表面较干净,无泥浆残留	较陡(坡比>5%)	多见于火成岩及碳酸盐岩地区

4.3.3 依据流体性质,泥石流可按表11分类。

表11 基于流体性质的泥石流分类

特征	流体性质	
	黏性泥石流	稀性泥石流
容重/(t/m³)	1.6～2.3	1.3～1.6
固体物质含量/(kg/m³)	960～2 000	300～1 300
黏度/(Pa·s)	≥0.3	<0.3
物质组成	以黏土、粉土为主,以及部分砾石、块石等,有相应的土及易风化的松软岩层供给	以碎块石、砂为主,含少量黏性土,有相应的土及不易风化的坚硬岩层供给
沉积物特征	呈舌状,起伏不平,保持流动结构特征,剖面中一次沉积物的层次不明显,间有"泥球",但各次沉积物之间层次分明,洪水后不易干枯	呈垄岗状或扇状,洪水后即可通行,干后层次不明显,呈层状,具有分选性
流态特征	层流状,固液两相物质成整体运动,无垂直交换,浆体浓稠,承浮和悬托力大,石块呈悬移状,有时滚动,流体阵性明显,直进性强,转向性弱,弯道爬高明显,沿程渗漏不明显	紊流状,固液两相做不等速运动,有垂直交换,石块流速慢于浆体,呈滚动或跃移状,泥浆体混浊,阵性不明显,但有股流和散流现象,水与浆体沿程易渗漏

4.3.4 泥石流的暴发规模,按泥石流一次堆积总方量和泥石流洪流峰量,可按表12分类。

表12 泥石流的暴发规模分类

规模	特大型泥石流	大型泥石流	中型泥石流	小型泥石流
泥石流一次堆积总方量V/万m³	V≥50	10≤V<50	1≤V<10	V<1
泥石流洪峰流量Q/(m³/s)	Q≥200	100≤Q<200	50≤Q<100	Q<50
注:"泥石流一次堆积总方量"和"泥石流洪峰流量"任一个界限值只要达到上一等级的下限即定为上一等级类型。				

4.4 地裂缝

4.4.1 依据地裂缝形成的主导因素,可按表13分类。

表13 基于主导因素的地裂缝分类

类型	主导因素	分类描述
非构造型地裂缝	以人类活动作用为主	由于过量开采地下油气资源及水资源引起地面沉降过程中的岩土体开裂而形成的不均匀沉降地裂缝;地下工程开发与采掘活动形成的地裂缝,如采空区塌陷地裂缝;由于地面建筑静荷载等附加作用以及动荷载附加作用致使地基土发生变形集中形成地面负重下沉地裂缝;由于人类爆破和机械振动引起岩土体开裂形成的地裂缝等
	以自然外营力作用为主	特殊土变形形成的地裂缝,如膨胀土因胀缩作用形成的地裂缝、黄土因湿陷作用形成的地裂缝、冻土因冻融作用形成的地裂缝、盐丘因盐胀作用形成的地裂缝、干旱地裂缝等;自然外营力作用下,地表发生塌陷与陷落或者崩塌与滑坡产生的地裂缝等
构造型地裂缝	以自然内营力作用为主	由地震活动作用产生的地裂缝;由断层运动作用引起的速滑地裂缝和蠕滑地裂缝等

4.4.2 根据地裂缝的规模,可按表14分类。

表14 地裂缝的规模分类

规模类型	巨型地裂缝	大型地裂缝	中型地裂缝	小型地裂缝
累计长度 L/m	$L \geq 10\ 000$	$1\ 000 \leq L < 10\ 000$	$100 \leq L < 1\ 000$	$L < 100$
影响范围 S/km^2	$S \geq 10$	$5 \leq S < 10$	$1 \leq S < 5$	$S < 1$
注:"累计长度"和"影响范围"任一个界限值只要达到上一等级的下限即定为上一等级类型。				

4.5 地面沉降

4.5.1 依据地面沉降形成的主导因素,可按表15分类。

表15 基于主导因素的地面沉降分类

类型	分类描述
土体固结(压密)型地面沉降	由于欠固结土层压密固结而引起的地面下沉,如土体自然固结作用形成的地面沉降;由于大量抽取地下液体与气体资源引起的抽汲型地面沉降;由于重大建筑及蓄水工程使地基土发生压密下沉引起的荷载型地面沉降;由大型机械、机动车辆及爆破等引起的地面振动导致土体压密变形而引起动力扰动型地面沉降等
非土体固结(压密)型地面沉降	由于自然作用形成的地面沉降,如构造活动型地面沉降、海面上升型地面沉降、地震型地面沉降、火山型地面沉降、冻融蒸发型地面沉降等;由于采掘地下矿藏形成的大范围采空区以及地下工程开发引起的地面沉降等

4.5.2 根据地面沉降的规模,可按表16分类。

表16 地面沉降规模分类

规模类型	巨型地面沉降	大型地面沉降	中型地面沉降	小型地面沉降
沉降面积 S/km^2	$S \geq 500$	$100 \leq S < 500$	$10 \leq S < 100$	$S < 10$
累计沉降量 h/m	$h \geq 1.0$	$0.5 \leq h < 1.0$	$0.1 \leq h < 0.5$	$h < 0.1$
注:"沉降面积"和"累计沉降量"任一个界限值只要达到上一等级的下限即定为上一等级类型。				

4.6 地面塌陷

4.6.1 依据地面塌陷形成的主导因素,可按表17分类。

表17 基于主导因素的地面塌陷分类

类型	分类描述
岩溶地面塌陷	岩溶地区由于隐伏下部岩溶洞穴扩大而致顶板岩体塌陷或上覆岩土层的洞顶板在自然或人为因素作用下失去平衡产生下沉或塌陷而引发的地面塌陷
采空地面塌陷	地下采掘活动形成的采空区,其上方岩土体失去支撑,引发的地面塌陷
其他地面塌陷	由于自然作用(如水流入渗、水位涨落、重力作用、地震作用等)引起的地面塌陷;由于大量抽取地下水与气体资源引起的抽汲型地面塌陷

4.6.2 根据地面塌陷的规模,可按表18分类。

表18 地面塌陷规模分类

规模等级	巨型地面塌陷	大型地面塌陷	中型地面塌陷	小型地面塌陷
塌陷坑直径 D/m	$D \geqslant 50$	$30 \leqslant D < 50$	$10 \leqslant D < 30$	$D < 10$
影响范围 S/km²	$S \geqslant 20$	$10 \leqslant S < 20$	$1 \leqslant S < 10$	$S < 1$

5 地质灾害分级

5.1 地质灾害的分级原则

地质灾害等级界限值只要达到上一等级的下限即定为上一等级灾害。一次灾害事件造成的伤亡人数或直接经济损失,只要一项指标达到高等级,则按高等级划定灾害的级别。

5.2 地质灾害灾情等级

地质灾害灾情等级,应根据人员伤亡和经济损失的大小,按表19划分。

表19 地质灾害灾情等级划分

灾情等级	特大型	大型	中型	小型
死亡人数 n/人	$n \geqslant 30$	$10 \leqslant n < 30$	$3 \leqslant n < 10$	$n < 3$
直接经济损失 S/万元	$S \geqslant 1\,000$	$500 \leqslant S < 1\,000$	$100 \leqslant S < 500$	$S < 100$

5.3 地质灾害险情等级

地质灾害险情等级,应根据直接威胁人数和潜在经济损失的大小,按表20划分。

表20 地质灾害险情等级划分

险情等级	特大型	大型	中型	小型
直接威胁人数 n/人	$n \geqslant 1\,000$	$500 \leqslant n < 1\,000$	$100 \leqslant n < 500$	$n < 100$
潜在经济损失 S/万元	$S \geqslant 10\,000$	$5\,000 \leqslant S < 10\,000$	$500 \leqslant S < 5\,000$	$S < 500$

中国地质灾害防治工程行业协会团体标准

地质灾害分类分级标准(试行)

T/CAGHP 001—2018

条 文 说 明

T/CAGHP 001—2018

目　次

1 范围 …………………………………………………………………………………………… 15
2 规范性引用文件 ……………………………………………………………………………… 17
4 地质灾害分类 ………………………………………………………………………………… 18
　4.1 滑坡 ……………………………………………………………………………………… 20
　4.2 崩塌 ……………………………………………………………………………………… 21
　4.3 泥石流 …………………………………………………………………………………… 22
　4.4 地裂缝 …………………………………………………………………………………… 24
　4.5 地面沉降 ………………………………………………………………………………… 25
　4.6 地面塌陷 ………………………………………………………………………………… 26
5 地质灾害分级 ………………………………………………………………………………… 26
　5.1 地质灾害的分级原则 …………………………………………………………………… 26
　5.2 地质灾害灾情等级 ……………………………………………………………………… 26
　5.3 地质灾害险情等级 ……………………………………………………………………… 26

1 范围

本标准是为贯彻执行国务院《地质灾害防治条例》(国务院令第394号),为中国地质灾害防治工程行业提供技术支撑而制定的,可为地质灾害调查评价、防治工程的勘查、设计、监测、施工等提供基本依据。

自20世纪初、中期以来,随着世界人口的不断增长、人类活动空间范围的逐渐扩展、以技术和经济条件为支撑的工程活动对地质环境扰动程度的不断加大,加之受到全球气候变化(如厄尔尼诺)等因素的影响,各种地质灾害发生频率越来越高,所造成的经济损失和人员伤亡也不断加大。到目前为止,全球范围内凡是有人类居住和工程活动的山岭地区,几乎都有崩塌、滑坡、泥石流等灾害发生,成为各灾种中频度最高、损失最大的地质灾害类型。

中国是亚洲乃至世界上地质灾害最为严重的地区之一,特别是20世纪80年代以来,随着经济建设的恢复与高速发展,伴随着各种自然因素的影响,地质灾害呈逐年加重趋势。其中,斜坡灾害造成的年均死亡人数已连续多年超过1 000人,严重的滑坡灾害不仅造成居民生命财产的极大损失,还摧毁相当数量的工厂和矿山,并严重影响铁路、公路、水运及水电站等基础设施的安全运营。

地质灾害作为一种地质现象,产生于不同地区、不同地层、不同条件下,实际工作中不乏因对地质灾害变形类型和性质判断不准确而采取了不恰当的防治措施,导致灾害扩大,变形加剧的工程案例。因为地质灾害的类型不同,其产生的条件、发生发展和运动的机理不同,其治理原则和措施也是不同的。为了能在实际工作中准确判定地质灾害的性质,以便采取合理的防治措施和治理手段,对地质灾害做出适当的分类和分级是必要的。

地质灾害分类分级是地质灾害研究、评价、防治和管理的基础,对地质灾害致灾机理、灾情分析以及灾害危机管理等方面均具有重要的指导意义。

a) 在地质灾害共性研究的基础上,更好地研究与总结各类灾害的个性特征。不同类型的灾害成因、演变规律与致灾过程有其共性,同时也有其个性,分类的目的就在于更好地总结各类灾害的个性。只有在此基础上,研究不同类型灾害的致灾机理与成灾过程才有实际意义。

b) 地质灾害分类分级是灾情和险情评估的基础。不同类型地质灾害的成灾过程、危害范围与强度有很大差异,由此导致灾情评估与方法的不同。只有在建立地质灾害分类分级体系的基础上,分门别类地研究灾情评估指标与方法,才能使灾情评估更准确、更切合实际。

c) 有助于灾害的危机管理。不同类型地质灾害的致灾机理与成灾过程的不同,决定了防灾、减灾与抗灾的策略有很大差异,不可能有放之四海而皆准的策略。因此地质灾害危机管理必须分门别类,它包括各管理部门的分工合作以及针对不同类型灾害个性制定防灾、减灾与抗灾的策略。

d) 灾害分类是灾害定量化研究的基础。分类能更加明确灾害的个性和共性,便于研究人员和工程技术人员专攻一项,进行深入的定量化研究。

除没有现代火山灾害外,我国的其他地质灾害皆相当严重。按破坏形式、动力作用、物质组成和破坏速率可划分为十大类31种(表1)。图1为我国主要地质灾害类型分区图。

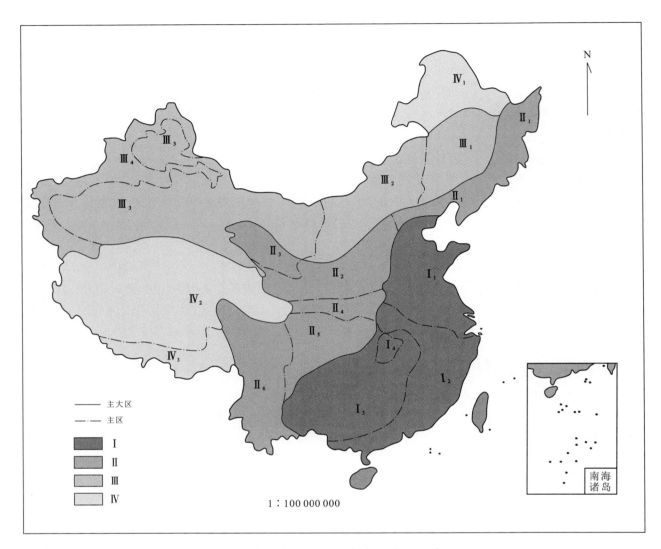

图 1 我国主要地质灾害类型分区示意图

[据中华人民共和国地质矿产部等,1990;以《中国地图 1:1亿 线划二》(审图号:GS(2016)1552号)为底图修改]

Ⅰ.中国东部丘陵、平原—以地面变形为主大区:Ⅰ$_1$.华北平原、长江下游平原—以地面沉降、盐渍化、河湖淤积为主区,Ⅰ$_2$.大别山地、东南沿海丘陵—以滑坡、水土流失、河湖淤积、土地冷浸为主区,Ⅰ$_3$.云贵高原—以岩溶塌陷、滑坡、水土流失为主区,Ⅰ$_4$.江汉平原—以河湖变迁、土地冷浸为主区;Ⅱ.中国中部高原、山地—以滑坡为主大区:Ⅱ$_1$.长白山地、燕山山地—以泥石流、矿区塌陷为主区,Ⅱ$_2$.黄土高原—以滑坡、湿陷、水土流失、地裂缝为主区,Ⅱ$_3$.祁连山地—以滑坡、泥石流为主区,Ⅱ$_4$.秦岭山地—以滑坡、泥石流为主区,Ⅱ$_5$.川鄂山地—以滑坡、泥石流、水土流失为主区,Ⅱ$_6$.横断山地—以滑坡、泥石流为主区;Ⅲ.中国北部内陆高原、盆地—以沙漠化、盐渍化为主大区:Ⅲ$_1$.松辽平原—以沙漠化、盐渍化、矿区塌陷为主区,Ⅲ$_2$.内蒙古高原—以沙漠化、盐渍化为主区,Ⅲ$_3$.准格尔盆地、塔里木盆地、阿拉善高原—以沙漠化、盐渍化为主区,Ⅲ$_4$.天山东段、昆仑山西段山地—以滑坡、冰川雪崩为主区;Ⅳ.中国北部大兴安岭北段山地和西部青藏高原山地—以岩土冻融为主大区:Ⅳ$_1$.大兴安岭北段山地—以岩土冻融为主区,Ⅳ$_2$.青藏高原山地—以岩土冻融、雪崩为主区,Ⅳ$_3$.藏南山地—以岩土冻融、雪崩为主区

表1 我国地质灾害的主要类型

灾害大类	具体灾种	
	突变型	缓变型
地球内动力活动灾害	地震、火山	构造裂缝
斜坡岩土体运动灾害	崩塌、滑坡、泥石流	潜在不稳定斜坡
地面变形破裂灾害	地面塌陷、非构造地裂缝	地面沉降
土地退化灾害		水土流失、荒漠化、盐碱(渍)化、沼泽化
海洋(岸)动力灾害		海面上升、海水入侵、海岸侵蚀、港口淤积
矿山与地下工程灾害	突水、冲击地压、瓦斯突出和爆炸、岩爆	危岩塑性变形、煤层自燃、矿井与地下热灾
特殊岩土灾害	黄土湿陷、砂土液化	软土、膨胀土、冻土
水土环境异常		地方病
地下水变异		地下水位升降、水质污染
河湖(水库)灾害	塌岸、管涌、渗漏、堤坝溃决	淤积

就成因而论,主要由自然变异导致的地质灾害称自然地质灾害;主要由人为作用诱发的地质灾害则称人为地质灾害。

就地质环境或地质体变化的速度而言,可分为突发性地质灾害与缓变性地质灾害两大类。前者如崩塌、滑坡、泥石流等,即习惯上的狭义地质灾害;后者如水土流失、土地沙漠化等,又称环境地质灾害。

依据地质灾害发生区的地理或地貌特征的不同,有斜坡地质灾害与平原地质灾害。前者如崩塌、滑坡、泥石流等;后者如地裂缝、地面沉降、地面塌陷等。

2003年11月24日,《地质灾害防治条例》经国务院第29次常务会议通过;2005年5月4日,国务院发布了《国家突发地质灾害应急预案》(国办函〔2005〕37号);2011年6月13日,国务院发布了《国务院关于加强地质灾害防治工作的决定》(国发〔2011〕20号)。这三个文件对我国常见地质灾害类别进行了规定:地质灾害"包括自然因素或者人为活动引发的危害人民生命和财产安全的山体崩塌、滑坡、泥石流、地面塌陷、地裂缝、地面沉降等与地质作用有关的灾害"。并确立了地质灾害防治三项基本原则:①"预防为主、避让与治理相结合,全面规划、突出重点"的原则;②"自然因素造成的地质灾害,由各级人民政府负责治理;人为因素引发的地质灾害,谁引发、谁治理"的原则;③"统一管理,分工协作"的原则。

本标准所涉及的地质灾害,主要包括山体崩塌、滑坡、泥石流、地面塌陷、地裂缝、地面沉降等与地质作用有关的灾害。

2 规范性引用文件

为满足地质灾害防治工程行业对标准规范的需求,受国土资源部地质环境司委托,中国地质灾害防治工程行业协会(以下简称地灾协会)与中国国土资源经济研究院(以下简称经研院)共同组织开展地质灾害防治标准规范编制工作。地质灾害防治标准规范体系,涉及综合技术管理、调查评价、勘查、设计、施工、监理、监测预警、应急、收费标准、信息系统共十大类146项。《地质灾害分类分级标准》属于地质灾害防治标准规范体系中的综合技术类标准,主要内容是明确地质灾害类型及地质灾害级别。本标准的编制原则如下:

a) 统一性：制定本标准时，以2003年《地质灾害防治条例》（国务院令第394号）为主体，是对《地质灾害防治条例》（国务院令第394号）的细化和延伸。在编制本标准时，与国家相关的法律法规和现行的相关标准保持高度的统一性。
b) 协调性：本标准制定时，参照了国际相关此类的标准，同时结合国内实际情况以及目前正在实施的相关标准，与其他部门相协调编制的，具有较强的协调性。
c) 适用性：本标准是国内地质灾害防治工程行业实施的标准，适合国内国土资源部门进行地质灾害的统计和管理使用，也适合地质灾害防治单位开展治理工程使用，同时还适合民政部门和其他重大工程实施单位使用，具有较强的适用性。
d) 一致性：本标准制定时，参考了国内现行实施的相关标准，同时也参考了国际类似的主流标准，与中国地质灾害防治工程协会组织编写的系列标准保持了高度的一致性。
e) 本标准中的地质灾害，指2003年《地质灾害防治条例》（国务院令第394号）规定的滑坡、崩塌、泥石流、地裂缝、地面沉降和地面塌陷六种地质灾害。
f) 地质灾害的分类，指上述六种地质灾害根据地质灾害的成因、危害方式，或其他特征等的分类。
g) 地质灾害分级，指上述六种地质灾害根据地质灾害按照规模、状态和灾情、险情等的分级；在地质灾害分级中，只要满足其量化条件之一，则按高等级划定灾害的级别。

4 地质灾害分类

长期以来，"地质灾害"这一名词在国内外被广泛使用，但其内涵却各不相同。比如，滑坡这一概念既常作为各种坡体运动现象的总称来使用（尤其是国外），也可指某斜坡岩土体沿地质弱面发生以水平向滑动为主的变形破坏，因而有广义滑坡和狭义滑坡之分。"广义滑坡"包含了岩土体顺斜坡向下的一切运动现象（Cruden，1991），而"狭义滑坡"仅指斜坡岩土体在重力等综合因素作用下沿一定地质弱面发生的、整体的向下滑动。

国际工程地质协会滑坡委员会目前普遍采用瓦恩斯（Varnes，1978）的斜坡运动分类作为国际标准分类方案。该分类方案主要将斜坡岩土体的运动方式分为崩落、倾倒、滑动、扩离、流动以及复合运动（表2）。而组成斜坡的物质可分为岩质、土质两大类。土质又可以进一步细分为粗颗粒土和细粒土两大类。将斜坡的物质组成与运动方式结合，形成如表3所示的斜坡运动分类体系。

国内按照地质灾害防治行业的一般共识，多将斜坡地质灾害分为崩塌、滑坡、泥石流三类。本标准沿用了这一分类方法。

表2 斜坡运动方式的简要分类

运动形式	特征描述
崩塌 fall	始于陡坡上的部分岩土体脱离原岩而通过坠落、跳跃和滚动等方式从空中下降的运动
倾倒 topple	土体或岩体围绕其重心下方的某一点或轴发生向前、向坡外的转动
滑动 slide	土体或岩体主要沿着破坏面（滑动面）或某一强烈剪切应变带发生的向坡下的运动
扩离 spread	黏结性土体或岩体伴随其破裂块体普遍下沉陷入下伏较软岩土而发生的扩展运动。其破坏面不是一个强烈剪切面，扩离可能由较软岩土的液化或流动（挤出）引起
流动 flow	一种空间上连续的运动。在流动过程中，排列紧密的剪切面存在时间短且常不被保存下来，滑移体内的速度分布类似于黏滞流体
复合运动 complex	两种或以上主要运动型式的岩土体运动的复合

表3 国际斜坡运动分类及示意图

运动类型 type of movement		物质种类 type of material		
		基岩 bedrock	工程土 engineering soil	
			以粗粒为主 predominantly coarse	以细粒为主 predominantly fine
崩塌（落）fall		岩石崩落 rock fall	碎石崩落 debris fall	土崩落 earth fall
倾倒 topple		岩石倾倒 rock topple	碎屑倾倒 debris topple	土倾倒 earth topple
滑动 slide	平面滑动 translational slide	岩质滑坡 rock slide	碎屑滑坡 debris slide	土质滑坡 earth slide
	转动滑动 rotational slide	岩质转动滑动 rock slump	碎屑转动滑动 debris slump	土质转动滑动 earth slump
侧向扩离 lateral spread		岩石扩离 rock spread	碎屑扩离 debris spread	土扩离 earth spread
流动 flow		岩石流动（深层蠕动） rock flow(deep creep)	碎屑流 debris flow	泥流（土流） earth flow(soil creep)
复合运动 complex		碎屑流 debris flow 岩石崩落 rockfall		转动滑动 slump 土流 earth flow
		两个或两个以上主要运动形式的组合 combination of two or more principal types of movement		

4.1 滑坡

4.1.1 滑坡按照滑前组成斜坡的物质类型可以分为土质滑坡和岩质滑坡,其中土质滑坡按照土体颗粒的大小可以分为粗粒土滑坡和细粒土滑坡。按照是否人为因素引发,分为工程滑坡和自然滑坡,其中工程滑坡还可以细分为:①工程新滑坡,由于开挖坡体或建筑物加载所形成的滑坡;②工程复活古滑坡,原已存在,由于工程扰动引起复活的滑坡。

推移式滑坡和牵引式滑坡在我国广为应用,其最早来自于巴甫洛夫分类。这两种滑坡的典型剖面结构图如图2所示,它们都是在重力作用下向斜坡前部发生变形滑动的,所不同的是推移式滑坡的主要动力来自于坡体后部,后部岩土体先滑动,挤压前部坡体产生变形;而牵引式滑坡则是由于下部先滑,上部坡体失去支撑而变形滑动的。由于岩土体本身并不具有抗拉的性质,"牵引式滑坡"的命名方式就值得商榷,但因为该名称在我国被长期使用,故而列在本条文表1中,"牵引式滑坡"按照其运动方式也可以称为"渐进后退式滑坡"。

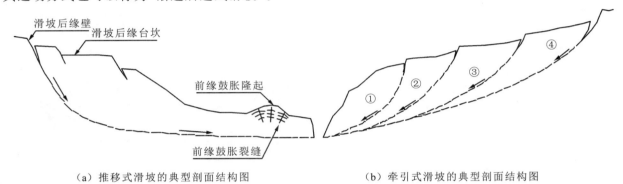

(a) 推移式滑坡的典型剖面结构图　　　　(b) 牵引式滑坡的典型剖面结构图

图 2　两种典型滑坡结构剖面图

［图(b)中的数字①～④表示滑块滑动的顺序］

用发生年代来给滑坡分类,其实是在用发生滑坡时间点距当今的时间尺度长短来评价这个滑坡体的稳定性的问题,以便于在工程勘察时选用不同的工作手段和工作量。多可利用该滑坡的微地貌来判定滑坡时间,完整或基本保留了滑坡微地貌的为新近滑坡,新近滑坡体没有经过极端工况作用,堆积体的稳定性比较差,有些还存在滑坡滑停时的特征;只保留滑坡宏观地貌的为老滑坡,老滑坡体经过一次或较少几次极端工况作用,坡体总体处于基本稳定状态,但是经工程改造仍可诱发其复活;地貌上不明显须经勘探验证的为古滑坡,古滑坡体在历史上经历过多次极端工况改造,坡体已经达到了较稳定的状态。根据地球历史时期的气候变化过程,将导致滑坡地貌发生如此大变化的时间段大致划分为三段,以全新世区分古滑坡和老滑坡的发生时间段,以现今河床的形成时间段区分老滑坡和新近滑坡,并以形成于现今河床附近的滑坡(包括出口在河槽下、漫滩阶地和Ⅰ级阶地附近的滑坡)称为新近滑坡。

4.1.2 按照组成坡体的物质成分对土质滑坡进行分类是最基本的滑坡分类方式。可形成滑坡的土体主要有黏性土、砂性土、黄土、软土、膨胀土等,还有人工堆填土、残坡积土和堆积层等。按照物质颗粒大小来区分,黏性土、砂性土、黄土、软土、膨胀土等属于细粒土,人工堆积层、残坡积层和堆积层等属于粗粒土。

4.1.3 《滑坡防治工程勘察规范》(DZ/T 0218—2006)第6.1条表3和《滑坡防治工程设计与施工技术规范》(DZ/T 0219—2006)第2.2.2条表2和《滑坡崩塌泥石流灾害调查规范(1∶50 000)》(DT/T 0261—2014)表7在进行滑坡规模分级时,采用了五级划分;《崩塌、滑坡、泥石流监测规范》

(DZ/T 0221—2006)表 A.2、《地质灾害防治工程勘察规范》(DB 50/143—2003)表 B.1.6 在进行滑坡规模分级时采用了四级,较之前者少了"巨型滑坡"一级。

中华人民共和国成立以来,大于 1 亿 m³ 的滑坡多有发生,如禄劝滑坡(1965,3.9 亿 m³)、易贡滑坡(2000,2.8 亿 m³)、大光包滑坡(2008,1.18 亿 m³)等,这些滑坡不仅规模巨大,破坏力惊人,它们形成的灾害链效应同样会产生极大的灾害损失。增加"巨型"一级有助于对之进行专门管理和着重关注,因此,本标准中本条文采用了五级分类法。

4.1.4 目前,国内外有多种滑速等级分类方案,Varnes(1978)最早提出了按照滑坡体滑动速度划分的意见,共划分了七个等级。联合国教科文组织(UNESCO)世界滑坡目录工作组(WP/WLI,1990)参照 Varnes 的划分方法,也将滑速等级划分为七个档次。王兰生等(1990)提出新的滑速档次分级方案,分级中以可察觉变形破裂生长情况(>1 mm/h)、人是否能直接察觉(>1 mm/s)、人的奔跑速度(>5 m/s)、汽车常规平均速度(>10 m/s)以及转化为碎屑流的临界速度(不小于 25 m/s)等作为划分标志,各种分类方法对比如表 4 所示。

表 4 滑坡滑速等级分类方案对比表

滑速等级	分类方案				
	Varnes(1978)按平均速度	WP/WLI(1990)最大速度	王兰生等(1990)滑速档次分级方案(按最大速度)		
			滑速档次	等级	备注
极快的	3 m/s	>5 m/s	高速	超高速>25~30 m/s	可能转化为碎屑流
				极高速>10 m/s	汽车常规平均速度
很快的	0.3 m/min	>3 m/min		高速>5 m/s	人的奔跑速度
			快速	很快的>1 m/s	
快的	1.5 m/d	>43 m/d		快速>1 cm/s	
				次快速>1 mm/s	人能直接察觉
中等的	1.5 m/月	>13 m/月	中速	中速>1 mm/min	
				次快速>1 mm/h	可察觉变形破裂生长情况
慢的	1.5 m/a	>1.6 m/a		慢速>1 mm/d	
很慢的	0.06 m/a	>0.01 m/a	慢速	很慢的>0.016 m/a	仪器判定或根据累积
极慢的	<0.06 m/a	<0.016 m/a		极慢的<0.016 m/a	变形破裂迹象

考虑到与国际同行交流方便,且经过综合对比,本条文表 4 采用了 WP/WLI(1990)提出的分级方案。

4.2 崩塌

崩塌是指陡峻边坡上所发生的一种突然而急剧的动力地质现象,即在地势陡峻、地质条件复杂的边坡上,其岩土体在自重或其他外力的作用下,突然脱离母岩土体而急剧地坠落、倒塌或滑塌,并呈翻滚、跳跃状破坏。崩塌后,变形体各部分的相对位置紊乱,互无联系,堆积成倒石锥或岩锥。

落石系指在悬崖或陡坡上,岩块(有时伴随若干小块)在自重或其他外力的作用下,突然脱离母岩(土)体而急剧下落。落石与崩塌的形成条件与产生原因虽有差别,但性质相似,唯其规模较小,本标准将其列为崩塌的亚类。

4.2.1 根据崩塌所处边坡岩土体物质组成性质,将崩塌分为土质崩塌和岩质崩塌。土质崩塌多发生于黄土等能够形成陡峻边坡的土体中。按照崩塌的动力成因将崩塌分为自然因素造成的自然动力型崩塌和人为因素造成的人为动力型崩塌。人为动力型崩塌包括由人为动力扰动形成的和工程构筑物作用岩土体形成的崩塌等。

4.2.2 孕育崩塌体的地质环境及崩塌的诱发因素和运动途径是多种多样的,但是,危岩体的变形特征和崩塌的形成机理是有规律可循的。根据崩塌的形成机理,可以把崩塌划分为五类,即本条文表6。《滑坡防治工程勘查规范》(DZ/T 0218—2006)表5认为鼓胀式崩塌的起始运动形式为"滑移、倾倒",编者经过实地调查,并参阅《岩土工程勘察设计手册》和《水工设计手册》(第2版)第10卷的《边坡工程与地质灾害防治》,认为其起始运动形式应为"鼓胀伴有下沉、滑移、倾倒"。

4.2.3 本条文表7采用了《滑坡防治工程勘察规范》(DZ/T 0218—2006)第6.2条表4、《滑坡崩塌泥石流灾害调查规范(1∶50 000)》(DT/T 0261—2014)表10、《崩塌、滑坡、泥石流监测规范》(DZ/T 0221—2006)表A.1的内容。

4.2.4 本条文表8采用了《崩塌、滑坡、泥石流监测规范》(DZ/T 0221—2006)表A.1、《地质灾害防治工程勘察规范》(DB 50/143—2003)表B.2.4中的内容。

4.3 泥石流

泥石流是指斜坡上或沟谷中含有大量泥砂、石块的固液相混合的特殊洪流,是地质条件不良的山区常见的地质灾害现象,它常在暴雨(或融雪、冰川、水体溃决)激发下产生。泥石流具有暴发突然、来势凶猛、运动快速、能量巨大、冲击力强、破坏性大和过程短暂等特点,它暴发时,山谷轰鸣,地面震动,浓稠的流体汹涌澎湃,沿着山谷或坡面顺势而下,将大量泥砂、石块冲向山外或坡脚,在平缓宽阔的堆积区横冲直撞、漫流堆积,往往在顷刻之间造成人员伤亡和财产损失。

泥石流分类系研究泥石流现象的一种前提和手段,寻求泥石流的成因,运动规律,冲淤特征,泥石流发生、发展过程和利弊程度及其彼此间的相互关系等,乃是泥石流分类研究的基础和目的。泥石流的分类应符合如下基本要求:①提供泥石流暴发的起因,包括泥石流形成条件、形成机理和动力学特征等;②反映出泥石流的面貌和特点。这对选择泥石流计算方法,估算泥石流危险度和拟定防治措施等有重要意义;③便于搜集和系统化历次泥石流的大量资料。

2010年国务院专门组织编制批准了《国务院关于切实加强中小河流治理和山洪地质灾害防治的若干意见》,对防治山洪以及防治泥石流工作都提出了明确的要求,进行了相关的工作部署和安排。2013年全国山洪灾害防治规划领导小组办公室编写了《全国山洪灾害防治规划编制技术大纲》。根据该大纲的定义,山洪是山丘区小流域由降雨引起的突发性、暴涨暴落的地表径流。山丘区小流域的流域面积原则上小于200 km^2,对于山洪灾害特别严重的流域,面积可适当放宽。山丘区小流域因流域面积和河道的调蓄能力小,坡降较陡,洪水持续时间短(历时几小时到十几小时,很少能达到1 d),但涨幅大,洪峰高,洪水过程线呈多峰尖瘦峰型。山洪灾害是指由于降雨在山丘区引发的洪水灾害及由山洪诱发的泥石流、滑坡等对国民经济和人民生命财产造成损失的灾害。

可见,山洪和泥石流是应有明确的区别的。技术上,一般可以按照所携带的物源的多少来确定山洪和泥石流的界限,如果容重超过1.3 t/m^{3}的叫做泥石流,低于1.3 t/m^{3}的叫做山洪,但是这个容重值很难明确测量。这就需要对它们进行综合判定,因为泥石流的形成需要有三要素:①汇水条件,能够把降雨形成的坡表径流汇集起来,为泥石流暴发提供动力条件;②物源条件,泥石流的形成需要大量的易于被水流侵蚀冲刷的松散堆积物,这些堆积物可以位于汇水区,也可以位于流通区;③沟道条件,具有一定的纵坡降,能够远程输送泥石流体。而山洪往往不具备这些条件。

4.3.1 按泥石流发生位置的集水区地貌特征,可以分坡面型泥石流和沟谷型泥石流。坡面型泥石流是山地分布最广、出现频率最高的灾害现象,这类泥石流规模不大,但由于它常发生在建筑物背后或交通线所通过的坡面,易于造成灾害。沟谷型泥石流是沿沟谷发生的泥石流,一条完整的泥石流沟,就是一个完整的小流域,从上游到下游一般由清水汇流区、泥石流形成区、泥石流流通区、泥石流堆积区四个部分组成。

《泥石流灾害防治工程勘查规范》(DZ/T 0220—2006)表 A.2 在"特征描述"一栏中认为,坡面型泥石流"总量小,重现期长,无后续性,无重复性",沟谷型泥石流"总量大,重现期短,有后续性,能重复发生"。这两种认识值得再探讨。而坡面型泥石流的"可知性低、防范难",沟谷型泥石流"有一定的可知性,可防范",并不是划分泥石流类型的标准。所以,在编写本条文表 9 时删除了上述两条,并对局部文字描述进行了修改。

4.3.2 本条文参考《泥石流灾害防治工程勘查规范》(DZ/T 0220—2006)表 A.3,内容有删改。由于目前泥石流的容重测量方法有局限性,且多为暴发后测量,人为影响大,现场识别泥流型、泥石型还是水石(砂)型的主要判据也不是容重,故删除容重指标。

原表中,对泥流型泥石流的流体属性表述为"为非牛顿流体,有黏性,黏度>0.15 Pa·s~0.3 Pa·s",表述不清,是黏度">0.15 Pa·s"还是黏度为"0.15 Pa·s~0.3 Pa·s"? 本标准改为"为非牛顿流体,有黏性,黏度大于 0.15 Pa·s"。

4.3.3 本条文参考《滑坡崩塌泥石流灾害调查规范(1∶50 000)》(DT/T 0261—2014)表 15,有改动。

黏性泥石流呈整体层流运动,有阵流现象,流体中常保留有原状土块,堆积物无分选;黏性泥石流也可称为结构型泥石流。稀性泥石流呈紊流运动,无明显阵流,堆积物有明显分选;稀性泥石流也可称为紊流型泥石流。

由于技术上常按照所携带的物源的多少来确定山洪和泥石流的界限,容重超过 1.3 t/m³ 的称为泥石流,低于 1.3 t/m³ 的称为山洪,故将稀性泥石流的容重下限修改为 1.3 t/m³。

4.3.4 划分泥石流的暴发规模分级有多种方法,它们分别列于表 5 中。可以看到,"泥石流一次堆积总方量"和"泥石流洪峰流量"两个评价指标均是公认的,且"泥石流一次堆积总方量"的分级界限值争议较小。

表 5 泥石流规模分类的不同标准

规模等级		特大型	大型	中型	小型
PG 库尔金标准 (康志成等,2004)	泥石流一次总量/万 m³	>100	50~100	10~50	<10
	单宽流量/(m³/s)	8~9	5~7	3~5	<3~5
李德基标准 (康志成等,2004)	泥石流一次总量/万 m³	>100	10~100	1~10	<1
	峰值流量/(m³/s)	>2 000	300~2 000	50~300	<50
中国科学院-水利部成都山地 灾害与环境研究所(2000)分类	泥石流一次排出总量/万 m³	>100	10~100	1~10	<1
	泥石流洪峰流量/(m³/s)	>2 000	200~2 000	50~200	<50
《泥石流灾害防治工程勘查 规范》(DZ/T 0220—2006)	泥石流一次堆积总方量/万 m³	>100	10~100	1~10	<1
	泥石流洪峰流量/(m³/s)	>200	100~200	50~100	<50
注:泥石流流量和输沙量按 1 % 频率下泥石流的暴发规模计。					

国内外学者依据野外调查资料,分析影响泥石流峰值流量的诸因素,提出了泥石流峰值流量计算的各种方法,但由于目前获取泥石流各要素的资料较为困难,不得不采用一系经验系数来概括。这造成洪峰流量分级界限值具有较大争议。但峰值流量是一个必不可少的工程应用指标,不能在分级指标中随意删除,本着"便于工程实践"和"争议最小化"的原则,选取小型泥石流一次堆积总方量的上限值为 1×10^4 m³/s,中型泥石流洪峰流量的下限值为 50×10^4 m³/s,这两个指标是目前争议最小的。

按照《泥石流灾害防治工程设计规范》(DZ/T 0239—2004)第 4.3.2 条的规定,重力式实体拦挡坝溢流坝段坝高 H_d(m)与单宽流量 q_c[m³/(s·m)]按照下式确定:

$H_d < 10, q_c < 30; H_d = 10 \sim 30, q_c = 15 \sim 30; H_d > 30, q_c < 15$。

由此,对于一条沟道宽 10 m 的泥石流沟来说,峰值流量达到 1 000 m³/s,已经较难选用工程治理措施。因此,本标准为了便于工程应用,采用《泥石流灾害防治工程勘查规范》(DZ/T 0220—2006)的规模分级方法。《崩塌、滑坡、泥石流监测规范》(DZ/T 0221—2006)表 A.3.7 也采用了该分级标准。

此外,本着"地质灾害分类分级界限值只要达到上一等级的下限即定为上一等级灾害"的原则,在正文表 12 中明确了界限值的归属。

4.4 地裂缝

4.4.1 地裂缝按照主导因素主要分构造型地裂缝和非构造型地裂缝。本条编写主要参考了《区域环境地质调查总则(试行)》(DD 2004—02)表 A.18 和其他学者(例如:刘传正,1995;谢广林,1988;王景明,2000)关于地裂缝的相关分类,主要如表 6～表 8 所示。

表 6　地裂缝的成因分类表(谢广林,1988)

成因	地裂缝类型
内营力地裂缝	外营力地裂缝
地震地裂缝	膨胀土地裂缝、崩塌地裂缝、滑塌地裂缝
火山地裂缝	塌陷地裂缝、陷落地裂缝、湿陷地裂缝
构造蠕变地裂缝	渗蚀地裂缝、干旱地裂缝、融冻地裂缝、盐丘地裂缝、泥火山地裂缝

表 7　地裂缝成因分类(刘传正,1995)

成因	举例
内动力	地震、火山、新构造蠕动造成的地裂缝
外动力	胀缩土、崩塌、滑坡、干旱、塌陷、湿陷、冻融、泥火山等造成的地裂缝
与人类活动有关	采矿、抽汲地下液体(油、水、气等)造成的地裂缝

表8 地裂缝分类(王景明,2000)

类别	主导因素	动力类型	地裂缝类型
非构造型地裂缝	以人类活动作用为主	次生重力或动荷载	采空区塌陷地裂缝 采油、采水地面不均匀沉降地裂缝 人为滑坡、崩塌地裂缝 地面负重下沉地裂缝 强烈爆炸或机械振动地裂缝
非构造型地裂缝	以自然外营力作用为主	特殊土	膨胀土地裂缝 黄土湿陷地裂缝 冻土和盐丘地裂缝 干旱地裂缝
非构造型地裂缝	以自然外营力作用为主	自然重力作用	陷落地裂缝 滑坡、崩塌地裂缝 地震次生地裂缝
构造型地裂缝	以自然内营力作用为主	断层运动	速滑地裂缝 蠕滑地裂缝
构造型地裂缝	以自然内营力作用为主	区域微破裂开启	土层构造节理开启型地裂缝 黄土喀斯特陷落型地裂缝

4.4.2 本条文从累计长度和影响范围两个方面对地裂缝规模等级划分。其中,累计长度条款通过调研陕西、山西等百余例典型地裂缝灾害,并综合全国范围的地裂缝形式,综合分析进行了等级划分,结果综合了长安大学知名地裂缝专家彭建兵教授、黄强兵教授的意见。

影响范围引用了《地质灾害分类分级(试行)》(DZ 0238—2004)附录 A 和中国地质调查局工作标准《区域环境地质调查总则(试行)》(DD 2004—02)表 A.22 地质灾害规模等级划分标准表中关于地裂缝影响范围的表述,并对它作了修改,明确了各等级的上限值和下限值,可更精确地分级(表9)。

表9 两部标准对地裂缝的分级

地裂缝	影响范围/km²	>10	5~10	1~5	<1

4.5 地面沉降

4.5.1 本条文依据地面沉降发生的主导因素划分为土体固结型地面沉降和非土体固结型地面沉降。其中主要参考了中国地质环境监测院(2008)所著的《全国地质灾害防治规划研究》、国土资源部地质环境司与国土资源部宣传教育中心(2003)编写的《中国地质灾害与防治》、张建国与张超群(2008)主编的《国土资源系统地质灾害突发事件应急管理》和肖和平与潘芳喜(2000)主编的《地质灾害与防御》、徐世芳与李博(2000)主编的《地震学词典》和李智毅等(1990)主编的《工程地质学基础》等。

4.5.2 本条文引用了《地质灾害分类分级(试行)》(DZ 0238—2004)附录 A"常见地质灾害灾变等级分级表"中关于"地面沉降的分级"的内容,并对它作了修改:① 明确了各等级的上限值和下限值,可更精确地分级;② 取消了最大累计沉降量的上限,应用范围更广(表10)。

表10 《地质灾害分类分级(试行)》(DZ 0238—2004)地面沉降分级

地面沉降	沉降面积/km²	>500	100~500	10~100	<10
地面沉降	最大累计沉降量/m	1.0~2.0	0.5~1.0	0.1~0.5	<0.1

4.6 地面塌陷

4.6.1 本条文依据地面塌陷形成的主导因素,并结合据国内塌陷的分布和数量特征,分为岩溶塌陷、采空地面塌陷和其他地面塌陷。其中,岩溶地面塌陷参考了陈国亮(1994)主编的《岩溶地面塌陷的成因与防治》、贺可强等(2005)主编的《中国北方岩溶塌陷》和康彦仁等(1990)著的《中国南方岩溶塌陷》的描述;采空地面塌陷参考了肖和平与潘芳喜(2000)主编的《地质灾害与防御》;其他地面塌陷参考了肖和平与潘芳喜(2000)主编的《地质灾害与防御》和张建国与张超群主编的《国土资源系统地质灾害突发事件应急管理》对自然塌陷和土体塌陷的描述。

4.6.2 本条文从"塌陷坑直径"和"影响范围"两个方面对地面塌陷规模进行等级划分。其中,塌陷坑直径通过调研广西、贵州等典型岩溶塌陷及内蒙、山西等典型采空塌陷分析划分等级,并综合中国地质科学院岩溶地质研究所雷明堂教授等专家意见进行编写。

针对地面塌陷分级,《地质灾害分类分级(试行)》(DZ 0238—2004)附录 A 给出了岩溶塌陷的影响范围分级如表 11 所示;《区域环境地质调查总则(试行)》(DD 2004—02)表 A.22 给出了岩溶塌陷及采空塌陷的影响范围分级,因岩溶塌陷与采空塌陷为主要塌陷类型,结合中国地质科学院岩溶地质研究所雷明堂教授等专家意见,引用此分类标准。

表 11 岩溶塌陷影响范围的分级

岩溶塌陷	影响范围/km²	>20	10~20	1~10	<1

5 地质灾害分级

5.1 地质灾害的分级原则

地质灾害分级应反映地质灾害对人类与环境的危害程度。它是为地质灾害管理服务的,是地质灾害管理决策的依据,因此地质灾害分级要适应地质灾害调查和编录、灾前预防性摸底普查、灾后灾情调查、灾害防治效果回馈调查等工作。

5.2 地质灾害灾情等级

《地质灾害防治条例》(国务院令第 394 号)第一章第四条规定:
地质灾害按照人员伤亡、经济损失的大小分为四个等级。
a) 特大型,因灾死亡 30 人以上或者直接经济损失 1 000 万元以上的。
b) 大型,因灾死亡 10 人以上 30 人以下或者直接经济损失 500 万元以上 1 000 万元以下的。
c) 中型,因灾死亡 3 人以上 10 人以下或者直接经济损失 100 万元以上 500 万元以下的。
d) 小型,因灾死亡 3 人以下或者直接经济损失 100 万元以下的。

5.3 地质灾害险情等级

《国家突发地质灾害应急预案》(国办函〔2005〕37 号)规定:
地质灾害按危害程度和规模大小分为特大型、大型、中型、小型地质灾害险情和地质灾害灾情四级。
a) 特大型地质灾害险情和灾情(Ⅰ级)。受灾害威胁,需搬迁转移人数在 1 000 人以上或潜在可能造成的经济损失 1 亿元以上的地质灾害险情为特大型地质灾害险情。

因灾死亡 30 人以上或因灾造成直接经济损失 1 000 万元以上的地质灾害灾情为特大型地质灾害灾情。

    b) 大型地质灾害险情和灾情（Ⅱ级）。受灾害威胁，需搬迁转移人数在 500 人以上、1 000 人以下，或潜在经济损失 5 000 万元以上、1 亿元以下的地质灾害险情为大型地质灾害险情。

因灾死亡 10 人以上、30 人以下，或因灾造成直接经济损失 500 万元以上、1 000 万元以下的地质灾害灾情为大型地质灾害灾情。

    c) 中型地质灾害险情和灾情（Ⅲ级）。受灾害威胁，需搬迁转移人数在 100 人以上、500 人以下，或潜在经济损失 500 万元以上、5 000 万元以下的地质灾害险情为中型地质灾害险情。

因灾死亡 3 人以上、10 人以下，或因灾造成直接经济损失 100 万元以上、500 万元以下的地质灾害灾情为中型地质灾害灾情。

    d) 小型地质灾害险情和灾情（Ⅳ级）。受灾害威胁，需搬迁转移人数在 100 人以下，或潜在经济损失 500 万元以下的地质灾害险情为小型地质灾害险情。

因灾死亡 3 人以下，或因灾造成直接经济损失 100 万元以下的地质灾害灾情为小型地质灾害灾情。